EL PRINCIPIO DE LOS

tiburones BEBÉS

I0869514

KIM THOMPSON

CREATIVE EDUCATION • CREATIVE PAPERBACKS

CONT

ENIDO

SOY UN CACHORRO.

Soy un tiburón bebé.

Tengo un gran sentido del olfato.

Soy un pez, pero no nací de un huevo. Mi madre dio a luz a una camada de crías vivas.

Mi mamá no me cuida.
Ni bien nací, ya podía
nadar y cazar.

Mi vida comenzó en aguas cálidas y poco profundas.

A medida que crezco, me adentro más en el océano. Como presas más grandes.

Sigo nadando para no hundirme.

¡Puedo nadar tan rápido como un automóvil!

Nado en círculo debajo de peces, tortugas y calamares. Ataco desde abajo.

Mis dientes afilados crecerán durante toda mi vida.

HABLA Y ESCUCHA

HHH!

Los tiburones no emiten sonidos. No tienen partes del cuerpo que hagan ruidos.

Son cazadores silenciosos.

¡Ahora es tu turno!

PALABRAS DE TIBURÓN

aleta dorsal: una parte del cuerpo similar a una solapa en la espalda del tiburón que lo ayuda a mantener el equilibrio y nadar en línea recta

aleta pectoral: una parte del cuerpo similar a una solapa en el costado del tiburón que lo ayuda a orientarse en el agua

camada: un grupo de tiburones nacidos al mismo tiempo; los tiburones mako tienen de 4 a 16 crías en una camada

presa: animal que otros animales cazan y comen

ÍNDICE ALFABÉTICO

PUBLICADO POR CREATIVE EDUCATION Y CREATIVE PAPERBACKS
P.O. Box 227, Mankato, Minnesota 56002
Creative Education y Creative Paperbacks son sellos editoriales de The Creative Company
www.thecreativecompany.us

CATALOGING-IN-PUBLICATION DATA ESTÁ DISPONIBLE EN LIBRARY OF CONGRESS
LCCN: 2024054143
Library Binding ISBN: 9798889898627
Paperback ISBN: 9781682779026
eBook ISBN: 9798889899419

DISEÑO Y PRODUCCIÓN
Diseño por Rhea Magaro
Producción de Beeline Media and Design, Inc.
Dirección artística de Tom Morgan

FOTOGRAFÍAS de Alamy Stock Photo/Sean Chinn @ greatwhitesean, portada, Shane Gross, 9; Dreamstime/ Alexandre Dionne, 8, Wksp, 4; Getty Images/Jana Kriz, 5; Shutterstock/Benny Marty, 2-3, Bohbeh, 13, Ciril Monteiro, 10-11, Eric Isselee, 14, frantisekhojdysz, 12, HunterKitty, 11, Jonas Gruhlke, 7, MDay Photography, 6-7

Impreso en los Estados Unidos de América

DISCOVER "THE MARINES' HYMN"

A Tribute to the U.S. Marine Corps

Cherry Lake Press

Published in the United States of America by Cherry Lake Publishing
Ann Arbor, Michigan
www.cherrylakepublishing.com

Reading Adviser: Beth Walker Gambro, MS, Ed., Reading Consultant, Yorkville, IL
Content adviser: SE Nelson, Veteran Marine

Photo Credits: Lance Cpl. Aaliyah Hunt/DVIDS/Public Domain, cover, title page; Lance Cpl. Brenna Ritchie/U.S. Marine Corps, 5; F. J. Conner./Prints and Photographs Division/Library of Congress, 7; Cpl. Angelina Sara / DVIDS/Public Domain, 8; Lance Cpl. Erica Padgett /DVIDS/Public Domain, 9; Lance Cpl. Jack Labrador/Public Domain, 10; U.S. Marine Corps, 11; © Jon Bilous/Shutterstock, 12; Cpl. Samuel Qin/DVIDS/Public Domain, 13; Russell Gamache, Staff Photographer/U.S. Department of Defense, 14; Cpl. Theodore Ritchie/DVIDS/Public Domain, 15; USMC Archives from Quantico, USA, CC BY 2.0 via Wikimedia Commons, 16; Lance Cpl. Dominic Trujillo/DVIDS/Public Domain, 17; Cpl. Simon Saravia/DVIDS/Public Domain, 18; Lance Cpl. Maikeyla Reyes / DVIDS/Public Domain, 19; Lance Cpl. Van Hoang/U.S. Marine Corps, 20; Cpl. Hannah Hall/DVIDS/Public Domain, 21

Cherry Lake Press is an imprint of Cherry Lake Publishing Group

Library of Congress Cataloging-in-Publication Data has been filed and is available at catalog.loc.gov.

Cherry Lake Publishing Group would like to acknowledge the work of the Partnership for 21st Century Learning, a Network of Battelle for Kids. Please visit Battelle for Kids online for more information.

Printed in the United States of America

Note from Publisher: Websites change regularly, and their future contents are outside of our control. Supervise children when conducting any recommended online searches for extended learning opportunities.